假如你是
一只动物

非洲草原大迁徙

[德] 芭贝尔·奥弗特林　著

[德] 亚历山德拉·赫尔姆　绘

过佳逸　译

GUANGXI NORMAL UNIVERSITY PRESS
广西师范大学出版社
·桂林·

FEIZHOU CAOYUAN DA QIANXI

出版统筹：汤文辉	美术编辑：唐秋萍
质量总监：李茂军	刘冬敏
选题策划：郭晓晨	版权联络：郭晓晨
张立飞	张立飞
责任编辑：霍　芳	营销编辑：宋婷婷
助理编辑：屈荔婷	责任技编：郭　鹏

Originally published as: "Stell dir vor, du wärst... Ein wildes Tier in Afrika" in Germany by moses.
Verlag GmbH, Kempen, 2019.
Text and illustrations copyright © moses. Verlag GmbH, Kempen, 2019.
Simplified Chinese edition © 2022 Guangxi Normal University Press Group Co., Ltd.
All rights reserved.

著作权合同登记号桂图登字：20-2021-315 号

图书在版编目（CIP）数据

非洲草原大迁徙 /（德）芭贝尔·奥弗特林著；（德）亚历山德拉·赫尔姆绘；
过佳逸译. 一桂林：广西师范大学出版社，2022.6
（假如你是一只动物）
ISBN 978-7-5598-4610-5

Ⅰ. ①非… Ⅱ. ①芭… ②亚… ③过… Ⅲ. ①野生动物－迁徙－非洲－少儿
读物 Ⅳ. ①Q958.13-49

中国版本图书馆 CIP 数据核字（2022）第 012500 号

广西师范大学出版社出版发行

（广西桂林市五里店路 9 号　邮政编码：541004）
（网址：http://www.bbtpress.com）
出版人：黄轩庄
全国新华书店经销
北京博海升彩色印刷有限公司印刷
（北京市通州区中关村科技园通州园金桥科技产业基地环宇路 6 号　邮政编码：100076）
开本：889 mm × 1 194 mm　1/16
印张：3.75　　字数：60 千字
2022 年 6 月第 1 版　　2022 年 6 月第 1 次印刷
定价：30.00 元

如发现印装质量问题，影响阅读，请与出版社发行部门联系调换。

　　亲爱的小朋友，你肯定幻想过变成一只动物吧？你可能还跟小伙伴们玩过老鹰捉小鸡的游戏。有可能你想像狮子那样强壮，像长颈鹿那样高大。也可能你一直不知道狒狒、大象都是怎样生活的。在这么平坦的大草原上，非洲的动物要怎么躲过天敌呢？食物这么少，它们要如何吃饱呢？

　　通过这本书，你可以认识二十几种动物，它们都生活在非洲大草原上。每读一篇小文章，你就会溜进一只动物的身体里，变成这只动物，驰骋在非洲广阔的草原上。

　　这本书里的动物生活的地方叫作热带稀树草原。热带稀树草原就是一大片几乎毫无遮挡的草地，偶尔能看见灌木丛。只有河边和一些潮湿的地方，才能看到树木。热带稀树草原上总是很暖和，有时甚至热得要命，太阳整年都烤着大地，仿佛夏天从不走远，只有旱季和雨季交替。

　　现在就开始吧！开启探索非洲大草原的旅程！

目 录

假如你是 一头非洲象

　　太阳又高挂天空了！一大早你的族群就开启了今天的旅程，族群包括三头母象和两头小象。走了4千米后，大家都有些口干舌燥，幸好水源就在不远处，带队的母象在草原上生活多年，识路的本领可好了。

　　终于到达水源地了，你迫不及待地把长鼻子伸进凉爽的水中，贪婪地吸满，然后把这清冽的水喷进嘴里。你的长鼻子真是太实用了，它不仅可以用来汲水，还能采摘地面上的植物、树冠上的叶子。你每天都得进食很多树叶、嫩枝、青草、水果等。不过你深谋远虑，不会闷头把整个树林吃光，而是东咬几口树枝，西嚼几口树叶。树木和灌木丛都不能伤得太严重，要保持它们继续生长的能力，确保在几周后，当你再次经过这里时还能享用它们。羚羊、斑马、水牛、河马这些动物跟你们相处得很好，可以在你的族群附近无忧无虑地吃草。狮子和犀牛见到你们会远远地绕开，因为它们害怕你们有力的门齿。

你的族群

一个象群一般由4~5头带着后代的母象组成。最老、最睿智且最有经验的母象负责教导小象们。在它去世后，它的女儿会接过这个职责。母象会一生都待在同一个族群里。小公象3岁时断奶，然后它们跟着母亲一起生活8~10年。接着，它们会离开象群过上独居生活，或者形成一个小的群体。

原来你是这样的！

体长：6~7.5 米。

体重：最重可达7500千克。

寿命：70年。

特点：体色显灰，毛发较少，大耳朵，长鼻子，有两根发达的门齿。非洲象跟它们的近亲亚洲象最明显的区别在于耳朵的大小。亚洲象的双耳要小很多。

繁殖：孕期约22个月，一般每次只产下一头幼崽。幼崽出生时80~120千克，落地约一个小时后就能站立，会自己找到母象喝奶。

身躯最大

　　陆地上没有什么动物比你更大了。你的体重跟一辆小型卡车相当。你每天都得进食150千克以上的食物。成年的你几乎没有天敌，没有什么动物能轻易伤到你——除了武装起来的人类。

日常作息

　　如果吃饱了，你会停下来小憩。炎热的中午你最喜欢在树荫下打盹儿。

生态角色

　　散播种子者：你每天都会排出大量粪便，其中含有许多植物的种子。这些种子可以借此在新的地方生根发芽，茁壮成长。

　　提供养分者：粪便可以让贫瘠的土地变得肥沃，提供植物需要的养分。

　　供食昆虫者：白蚁、苍蝇、甲虫等昆虫可以从粪便中获得食物，而昆虫又是鸟类、爬行类，以及其他动物的重要食物。

　　发现水源者：你的长鼻子能嗅到地底下哪里有水。

降温

　　你的大耳朵密布着血管，可以帮助你散热，通过扇动耳朵可以让你的身体快速降温，如果你想要更凉快，还可以把水喷到耳朵上。另外，耳朵还能用来交流——你可以通过耳朵来传达自己的心情。

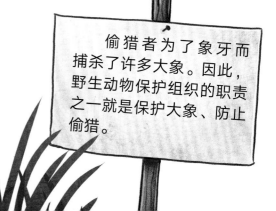

　　偷猎者为了象牙而捕杀了许多大象。因此，野生动物保护组织的职责之一就是保护大象、防止偷猎。

你的工具

门齿：

公象母象都有。

终生生长。

能长到3.5米。

你用它来挖树根，剥树皮，开水源，与其他大象争斗，保护小象免受天敌伤害。

象鼻：

你的长鼻子非常实用！鼻孔在末端，鼻尖处有两个突起，它们就相当于你的手指。你可以用长鼻子来呼吸、摘植物、摸索东西、嗅味道、跟伙伴交流、吸水喷到嘴里或者喷到背上。

对了！大象也有"左撇子"和"右撇子"。它们有的习惯用左边的门齿，有的习惯用右边的门齿。经常用的那一根就会被磨得发亮。

假如你是 一头犀牛

黄昏终于降临了！空气逐渐变得凉爽，你悠闲地在领地里散步。你已经熟门熟路了：哪里有食物、水、盐，哪里可以藏身，哪里有泥水可以打滚儿。你还清楚地记得来往这些地方的捷径。你的视力不是很好，但你比谁都熟悉这块小领地。因为你一旦在某个地方安家，就再也不会离开那里了——你的词典里可没有"离乡远游"这个词。

在领地里你得为自己打算。比如说，你不能把草或者灌木丛一下子吃光，而是这儿咬一口、那儿尝一尝，保证整年都有足够的植物以供食用。

为了让其他动物知道你住在这里，你会在固定的地方用粪便标记自己的领地。

你的超级武器

头上的"角"：

它们是角蛋白，像头发一样，一生都在生长，最长能长到1.5米多。

是非常有力的武器，你可以用它们来威慑甚至攻击天敌和竞争者。

与其他犀牛争斗或遭遇意外时，有可能折断。

你的日常生活

公犀牛都是独自生活，有些母犀牛会生活在小群体里。

白天：睡觉，在泥水里打滚，啥也不干。

从黄昏到第二天凌晨：闲逛，进食，做标记。

你的食物

你每天吃100多千克植物。

斯瓦希里语：
Kifaru, faru, pea

原来你是这样的！

在非洲有两种犀牛，宽吻犀牛和身躯偏小的尖吻犀牛。

体长：最长可达4.5米。

体重：最重可达3000千克。

寿命：最长可达50年。

特征：木桶状的身躯，头部有实心独角或双角，皮厚毛少。

繁殖：孕期16个月，一般每次只产下一头幼崽。幼崽出生时约50千克，落地约一个小时后就能站立，会自己找到母亲喝奶。

假如你是 一头河马

　　天太热了，只有一个地方能让你高兴起来：水里！你躲进水里，只有耳朵、眼睛、鼻孔露出水面，因为你还得呼吸。你很擅长潜水，有时候下潜前你还会打个大哈欠。你呼气，吸气，锁紧鼻孔，然后把耳朵收紧，完全潜到水下，在水底闲逛。

　　你还有很多同伴在你身边！你们都喜欢舒适的水洼、湖或者溪流。你喜欢吃水草，当缺少水草时，你才会在夜间上岸觅食。你依依不舍地离开凉爽的水，还好晚上比较凉快！你边走边吃草，最多逛到5千米外。第二天太阳升起来的时候，你又回到水里去了。

你的下犬齿能长到50多厘米。

原来你是这样的！

斯瓦希里语：kiboko

体长：可达4米。

体重：可达3000千克。

寿命：30~40年。

特征：身躯庞大且粗圆，呈滚筒状；头和嘴巴都很大；皮厚达5厘米，除少数部位有稀疏的毛以外，全身光滑无毛。

繁殖：孕期8个月，在浅水区分娩，每次只产下一头幼崽。幼崽出生时50千克，落地后立即跟跑着躲入水中。

危险，小心！

遇到危险时你奔跑的速度能达每小时近50千米！你的嘴巴像挖掘机的铁铲。你还有尖刀般的下犬齿，甚至能咬死鳄鱼。带着孩子的母河马是非常危险的，因为哪怕是一点点威胁，为了保护小河马，它都会发起攻击。

两头公河马是这样争斗的：

你们之间保持5米左右的距离。

把耳朵竖起来，这表示你们并不害怕对方。

你们对着吼叫，吼声高的就是胜利者。如果吼声不分胜负，你们会进入激烈的战斗阶段，直到分出胜负。

标记仪式来了：

你快速且猛烈地摇晃尾巴，把新鲜的粪便散播到几米外。通过这个方法做标记，公河马将彼此的领地区分开来。

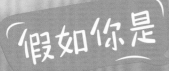
假如你是 一只斑鬣狗

你的家族很庞大，有时成员能超过80只。成员之间当然也讲交情，会跟这个关系好，跟那个关系差。你的家族领地不可侵犯，若有其他鬣狗族群入侵，你们随时都可以迎战！

领地范围要大，这样你们才能有足够的食物。你们的牙齿非常强大，骨头你们也可以毫不费力地咬碎。无论是白天还是夜间，你们都可以进行猎食行动。成功的话，你们就会发出兴奋的声音——这样没能参与行动的家族成员就会知道：有吃的了！

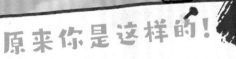

斯瓦希里语：
fisi

原来你是这样的！

体长： 最长可达1.8米。

体重： 可达65千克。

寿命： 可达20年。

特征： 身形似犬（但你并不是犬科动物）；后腿短，脊背倾斜向下；皮毛带褐色斑块。

繁殖： 孕期3~4个月，一次一般生下1~3只幼崽。

你的近亲

与你血缘关系较近的是土狼，但它几乎只吃白蚁。

你的超级武器

母鬣狗更凶猛，而且更重，它们几乎是家族中的全能王！

你颈部和下颌的肌肉十分发达，所以能轻松地叼起很重的肉块。如果是很重的整只猎物，你一般选择把它拖走。

你的牙齿尖锐有力，即便是斑马、角马或其他有蹄类动物坚硬的腿骨，你也能毫不费力地咬断。

只是因为小！

你们很聪明——可惜比狮子弱小。如果一个狮群来掠夺你们的猎物，你们就没办法了。

邋遢？你很爱干净！

你大小便都会去特定的地点，在领地内有很多这样的地点，而且都在边界处。这样你每次上厕所也就顺便做标记了。

假如你是 一只狐獴

　　你沐浴在清晨的阳光下，感到自己的身体慢慢暖和起来。你恢复活力后，就去捉几只虫子当早餐。其他狐獴也在找吃的。肥圆的甲虫蛹或毛虫是不错的餐点。蝎子、蜘蛛、蜈蚣和马陆喜欢藏在石头下，它们也很好吃。突然，一连串短促的叫声响起。警报！有雕在天上盘旋！你和小伙伴们马上奔进洞穴，安全逃离雕的魔爪。哨兵很尽职尽责，有它们在真好。

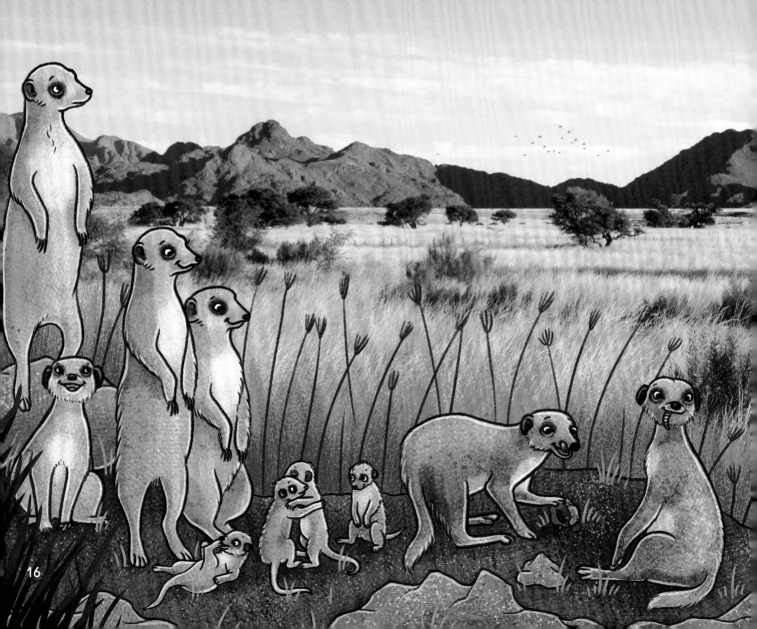

哨兵岗

家族成员轮流站岗放哨。到你的时候，你会爬上一个石堆、蚁丘或者其他高处，在那里可以看得更远。你警惕地观察四周，天空也不例外，看是否有天敌出现。一旦有危险，你会通过特殊的叫声通风报信。

你的五官

双眼炯炯有神，鼻子和耳朵极其灵敏！眼睛周围的黑色块削弱了阳光——它们就像墨镜一样。

你的家族

你属于獴科。虽然很小，但你也是一只食肉动物，为此你感到很自豪。你的家族成员可以多达30只，你们其乐融融地生活在一起。

你的超能力

你可以抵御蝎子和某些蛇类的毒性。

你的地下洞穴非常安全，危险出现时你可以迅速跑进去。

斯瓦希里语：
Nguchiro

原来你是这样的！

你又叫猫鼬或灰爪狸，能在地下挖四通八达的通道。

体长：可达30厘米。

体重：约700克。

寿命：最长可达12年。

特征：身形细长，圆脑袋，口鼻突出。

繁殖：孕期11周，在洞穴中一次产下2~5只幼崽，幼崽出生时仅25~35克。

斯瓦希里语：Simba

原来你是这样的！

体长： 可达2.5米。

体重： 可达250千克。

寿命： 野外最长可达15年。

特征： 公狮子有长长的鬃毛，长尾上有流苏般的黑毛。

繁殖： 怀胎近4个月后一次产下2~4头幼崽。幼崽出生时约1.3千克，皮毛带斑点，不能站立，双眼紧闭，10~14天后才会睁开双眼，3周后长出奶牙。

假如你是 一头公狮

　　你跟族群一起在树下休息，你喜欢躺在跟你关系最好的家人旁，但也不会太近——白天实在太热了。黄昏时天气变得凉爽，你们的肚子也饿得咕咕叫，身强体壮的母狮们就出发捕猎去了。

　　人们都以为公狮很懒惰，这不对。事实上你负责守护广阔的领地，防止其他狮子对族群造成威胁。每天你都会沿着边界巡视面积达400平方千米的领地，用尿液做标记。如果别的狮子要入侵，你就必须战斗。这会儿你那又长又厚的鬃毛就发挥作用啦，它能有效缓解对手尖牙和爪子的伤害。

　　400平方千米的领地跟科隆差不多大小。

领地生活

狮群生活的领地，实际上属于母狮。它们一生都生活在那里，从不离开。

狮群由多头母狮和它们的幼崽，还有一头强壮的公狮以及它的兄弟或伙伴组成。

当公狮长到两岁左右时，它们会被驱逐出狮群。这群公狮们生活在一起，周游多年，寻找新的领地。在这期间它们必须独自打猎，自力更生。

权力更替：当狮群的公狮年老体衰时，它会丧失保护领地的力量。新的年轻公狮会察觉这一点，并伺机入侵。激烈的战争打响了，而年老的公狮终会有战败的一天。这意味着：年轻的公狮会接管领地，成为母狮们的新首领！

你的食物

斑马、长颈鹿、非洲水牛、疣猪、羚羊、幼象等均在你的捕食范围内。你一般选择年老、年幼、生病的动物。

遇上食物稀缺的时候，你也会吃其他小型哺乳动物。

母狮每天能吃下5~6千克肉，公狮可以吃更多。

饥饿的母狮能一次吞下多达30千克的肉，而饥饿的雄狮甚至能吞下45千克。这么一大份吃下去，4~5天内都不会饿肚子了。

狩猎战法

你喜欢伏击正在喝水的猎物，或者把它们往狮群其他成员那边赶。你尖锐的犬牙对准猎物的喉咙，用力一咬，猎物就一命呜呼了。

猫科动物中的另类

猫科动物中，只有你乐于群居。

你的语言

你能发出持续40秒的狮吼，方圆8千米都能听得清清楚楚。你用吼声警告外来入侵者。

你的童年

分娩前，母狮会离开族群，找到一处能藏身的僻静地点，可以是岩石洞窟，也可以是灌木丛。你会在那里度过出生后的6~8周。等到你学会走路以后，母狮才会带着你和你的兄弟姐妹回到族群。

假如你是 一头猎豹

太阳还没升起来，可你早早就醒来了。你伸伸懒腰，舒展下身体，就准备去捕猎。你走到一处高地，在广阔的稀树草原上搜寻猎物。你的视力非常棒。

你最感兴趣的是那些落单的瞪羚、牛羚或者其他中小型有蹄动物。那边有头小角马走神了，它没发现族群已经走远，越来越落后。你压低身子，慢慢靠近它。好，可以起身了，你以中速发起攻击。它发现你了，想要逃跑。就是现在，你加速到极致，2秒内达到时速60千米，3~4秒后已经达到时速100多千米。即使猎物来个急转弯也无妨——在这样的速度下，你仍能轻松改变方向。一般400~500米以内你的前爪就可以抓上猎物的后背或后腿……可惜今天不太走运：那头角马跑得更快。

你的超能力

你奔跑速度很快，因为：
你的身体又轻又细长。
你有四条大长腿。
你鼻孔很大，吸进的空气也多。
你的肺和心脏能快速将氧气泵到血液里。
你的脚掌和爪子坚实有力，这有助于抓住地面，然后借力奔跑，还不会打滑。
就算是急转弯的时候，你的长尾也能使身体保持平衡。
你的脊柱就像弹簧一样能灵活伸缩。

你的速度

你奔跑时速度最高能达到每小时110千米——就像汽车驰骋在高速公路上！但是你一般只能跑400米远，用尽全力的话最多500米。再多你就需要休息了。你休息20~30分钟就能从上一次短跑中缓过来，然后就可以享用美食啦！

你的家族

你是一个独行侠。小猎豹出生后向母亲学习技能，两岁左右时就会离家，独自狩猎。

斯瓦希里语：
duma

原来你是这样的！

体长：1.2~1.3米。

体重：约30千克。

寿命：可达15年。

特征：身形瘦削，四肢细长，长尾，皮毛淡黄带黑斑点，爪子并不能像其他猫科动物那样收起来。

繁殖：孕期约3个月，一次最多能产5头小豹。

23

假如你是 一头豹

你趴在一根结实的树枝上，中午太热了，这会儿打猎不太现实，还是好好休息吧。当然你还是仔细地观察着一群在吃草的斑马，说不准其中一个会落单呢。

在树上你不仅可以一览无余，而且能躲避对手，比如狮子和鬣狗。它们数目众多，总是觊觎你的猎物。

不过你也有方法应对：要么把猎物藏在灌木丛中，再用枝叶盖住，要么把猎物拖到树上。后者更有效，虽然很累，但是狮子和鬣狗可不会爬树，没有比这儿更合适的地方了。

原来你是这样的！

斯瓦希里语：chui

体长： 可达1.5米。

体重： 最重可达100千克。

寿命： 10~20年。

特征： 头圆，四肢强健有力，尾巴相对较长，全身黄色，布满黑色不规则斑点。也有一些黑色体毛的豹，很难辨认其身上的花纹。

繁殖： 孕期3~3.5个月，一般一次产下2~4头幼崽。幼崽出生时500~600克。

你是这样爬树的：

1.你把张开的脚爪扎进树皮，沿着树干往上爬。

2.你也会直接跳：从地面到树干的首次跳跃需要强健的四肢提供力量，接下来你再轻松地跳几下就可以到达树冠了。

你是这样从树上下来的：

1.如果树枝离地面只有2~4米，直接跳下来。

2.你先沿着树干往下爬，到高度差不多时再跳下来。

你还能在树枝间跳跃，甚至从一棵树跳到另一棵。如果树枝够平，你在上面移动就跟在陆地上一样稳。

你的纪录

你是地球上第四大猫科动物，仅次于老虎、狮子和美洲豹。

在所有大猫中，你的分布范围最广——广布于非洲和亚洲各地。

你是唯一一种会把猎物拖到树上的大猫。

你的游泳技术也很棒。

你的感官

听觉：灵敏，你甚至能听见高达45000赫兹的声响（人类最多能听见 20000 赫兹的声音）。

视觉：敏锐，眼睛具有夜视功能，这得益于"照膜"（能将外来光线反射于视网膜各部的眼部结构）。

嗅觉：灵敏。

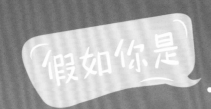

假如你是 一匹斑马

你一整天都在草原上不停地迁移，一边走一边吃。你必须警惕四周，因为你的天敌实在太多了。幸好你生活在族群里，而且常常有角马或羚羊为伴，有时还会遇上鸵鸟。这样大家在进食的时候，总有伙伴在盯梢。你即便夜里睡觉，也会保持站立姿势，族群里也会安排哨兵。遇到危险，你会一跃而起，跟大家一起逃跑。

树边可能会遭到豹的袭击，所以你选择在开阔的地带停留，在那里你既可以吃草，又可以盯着周围的情况。你的眼睛长在脑袋的两边，这样基本只有正后方是你的视觉盲区。目前风平浪静，也许大猫们觉得太热了，都不想出来打猎吧。

斑马的视野

⬤ 此区域斑马什么也看不见。

⬤ 此区域斑马会得到立体图像，即看到的东西有前有后。

⬤ 此区域斑马只用一只眼睛看——周围看起来是二维的，就像画在一张纸上。

斯瓦希里语：
punda milia

原来你是这样的！

体长： 可达2.4米。

体重： 可达300千克。

寿命： 约20年。

特征： 身形似马，身上密布着黑白条纹。

繁殖： 妊娠期11~13个月，一次产下一匹小斑马。小斑马出生时大约30千克，落地后很快就能站起来并学会走路。

种类： 最常见的是普通斑马，体形稍大的是山斑马，更大的是细纹斑马。山斑马和细纹斑马都很稀少。

你的超级武器：黑白相间的条纹

每匹斑马的条纹图案都不一样，加上气味不同，斑马们可以轻松分辨彼此。

你的条纹图案可能会使最大的天敌——狮子头晕目眩，因为条纹使你的身体形状变得模糊，不易分辨。

你的条纹图案兴许还会让你免受昆虫叮咬，因为它们一般会停留在单色的皮毛上，不太喜欢黑白相间的图案。

你的条纹图案还能降体温，当太阳高挂天空时，黑白相间的条纹间会产生空气对流——这能让身体变凉爽。

你的家族

　　家族由领头的公马（父亲），母马（最多6匹，母亲和她的姐妹们）以及它们繁殖的小马组成。公马会全力保障家庭的安全，母马则负责照顾小马。如果有谁走丢了，就全体出动寻找。如果有谁受伤或因年老而身体虚弱，大家也会一起帮忙照顾。

　　2~3岁时年轻斑马会离开族群，开始周游，找到或者组成合适的家庭后就会稳定下来，就此度过一生。

你的身体护理

　　驱赶讨厌的蚊虫： 你用那长长的尾巴左右拍打。
　　挠痒痒和刷皮毛： 往树干或灌木丛上蹭。
　　梳理毛发： 跟同伴互相用牙齿轻啃，还能增进感情。
　　清理寄生虫： 红嘴牛椋鸟会停在你身上，把寄生虫从皮毛里啄出来。

你的栖息地

　　你的家族并没有固定的栖息地，但有一个你们经常待的地方，那里有足够的草和水。如果草吃得差不多，或者旱季水源干涸了，你们就得迁徙到远方。

你在自然中的优势

　　你吃东西比较杂，除了草以外，灌木、树枝、树叶也是你的食物。因为你的消化能力较强，所以你在低营养的情况下也可以生存，你的生存能力也因此比其他食草动物稍微强了一些。

假如你是 一头角马

　　你每年都需要迁徙，因为你要追赶雨季，只有雨水浇灌后青草才能蓬勃生长。沿着古老的路线，你跟随长长的队伍，不知疲倦地行进。队伍中除了其他角马，偶尔还有羚羊、斑马和瞪羚。中途你们也会停下来休息，这时，平坦的稀树草原上，目光所及之处，是成千上万的角马。

　　今天你特别紧张，因为到了迁徙路线上的一个险关：你们必须跨越一条大河。那里总有鳄鱼在游荡。在河岸上休息的鳄鱼并不需要担心——危险的是那些在水中的。你小心地靠近河边，其他角马也在试探，因为危险可能在瞬间发生。谁是第一个踏进河中的勇士？你深呼吸，前蹄迈进平静的水里。一步、两步、三步——安然无恙。其他角马紧跟在后面，斑马群也参与进来了，终于，大家都安全地到达了对岸。今天很走运，可明天还得涉过另一条河，谁知道会怎样呢？

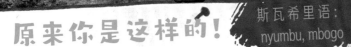

原来你是这样的！

斯瓦希里语：
nyumbu, mbogo

体长：可达2米。

体重：可达275千克。

寿命：约16年。

特征：身形似牛，皮毛暗灰，头颅硕大，长着一对向上弯曲成钩状的角。

繁殖：怀胎约8个月，一次产下一个幼崽。幼崽出生时14~18千克，落地后几分钟就能走路，用不了多久就能跟随族群迁徙。

你一年的迁徙路线

迁徙里程：每年可达3000多千米。

1月~3月：在塞伦盖蒂大草原南部休息，哺育幼崽，每天只走一小段路去寻找食物。

4月：带着小角马一起向西进入塞伦盖蒂大草原。

5月：交配季节，在塞伦盖蒂大草原休憩。

6月~9月：向东北迁徙到马塞马拉国家野生动物保护区。

10月：在马塞马拉国家野生动物保护区休息。

11月~12月：向南回到塞伦盖蒂大草原南部。

你的童年

出生后10分钟内你就必须站起来——要不然狮子和鬣狗很可能把你叼去，它们最喜欢在弱小的初生幼崽周围游荡。在妈妈那里喝完奶，你跟着它与其他母角马和幼崽集合。很快迁徙就要开始了。

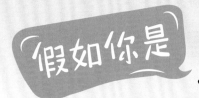

假如你是 一只长颈鹿

太渴了！可是喝水却没那么容易。水洼太低，你的头却太高。虽然脖子很长，可仍够不到地面上的水，你的前腿必须得劈个叉。这样做不仅累，而且很危险：如果这时遭到攻击，这个姿势想要立刻逃跑可没那么容易。所以你宁愿少喝水！

不过长得高也有很多好处，因为在稀树草原上除了你，其他有蹄动物都够不到树冠，这样谁也抢不走你的食物了！你每天能把30千克左右的鲜嫩枝叶收进肚子里。

你的同伴

　　长颈鹿很少孤零零的，你喜欢跟其他长颈鹿生活在一起，你们平时总是7~8只组成小群一起活动。每只长颈鹿皮毛上的图案和身上的味道都不一样，所以你很容易辨别大家。其他动物会跟你一起在草原上迁徙，包括斑马、角马和羚羊，有时鸵鸟也会加入你们，因为你远远地就能看见狮子和其他猎食者，能及时给大家预警。

你的超级武器

　　长脖子：脖子下有七块椎骨，跟其他哺乳动物的椎骨一样多，但你的椎骨比它们的长得多。

　　花纹图案：站在树丛中，你身上的花纹起到了很好的伪装效果。

你的工具

　　舌头：你的舌头有46厘米长。树上的刺对你不会造成半点伤害，因为你柔软的舌头可以轻松绕过这些刺，摘下鲜嫩的叶子。

你的感官

视觉：非常敏锐。

听觉：敏锐。

嗅觉：不太好。

斯瓦希里语：fwiga

原来你是这样的！

身高：可达6~8米。

体重：约700千克。

寿命：20~30年。

特征：长腿；特别长的脖子；皮毛上有花纹，有斑点形、网纹形、星形等；头上的骨质短角被皮毛包裹住。

繁殖：孕期约15个月，一次产下一只幼崽。幼崽从近2米高处落地，出生时就有1.5米高，一小时后能站立。

假如你是 一只瞪羚

　　瞪羚的生活危机四伏，所以群居是你最好的选择，团结才是力量！任何时刻，不管是早上或是傍晚，这个原则都不能变。当你吃草的时候，余光看到另一只瞪羚开始躁动不安——它肯定是嗅到天敌的味道了。

　　你马上抬起头，大家都看向同一个方向。你嗅到了那味道，并清楚地知道那是——鬣狗！虽然它们还在几百米外，但你们已经很危险了。你知道，这些鬣狗敏捷而且耐力强，它们会结群捕杀猎物。你做好逃跑的准备——但是你发现鬣狗们慢慢走远了。看来今天大家都逃过了一劫。

你在自然界中的角色

你是稀树草原上常见的蹄类动物之一，仅次于角马，因此你也是许多食肉动物喜欢的猎物。你很容易成为豹和猎豹捕食的目标。

你的超能力

是速度！用尽全力你的速度能达到每小时80千米——而且为了摆脱猎手，你经常在奔跑时急转弯。

斯瓦希里语：
paa，kinokero，swala

原来你是这样的！

汤氏瞪羚

体长： 可达1.1米。

体重： 可达30千克。

寿命： 可达11年。

特征： 背部褐色，腹部白色，中间有一条黑色横纹作为分界。成年瞪羚都有两个长达40厘米的S形长角。

繁殖： 孕期约6个月，一次产下一只幼崽。

假如你是一只疣猪

　　太阳下山了，你回到地底的大洞穴中。这洞本来是一个土豚挖的，现在它已经离开了。洞深1~2米，大小刚好够你和家庭成员容身。每晚你们都按同样的顺序进入卧室：首先是你们这些小家伙，然后是妈妈和阿姨——不过她们是倒退进入洞穴的，她们躺下时，身躯和带獠牙的头部对着洞穴入口，这样就能第一时间攻击入侵者。

　　当太阳升起时，你们休息好了，肚子也开始咕咕叫。早餐是青草和各种块茎植物，有时骨头也会出现在菜单上，因为它含有矿物质，对身体有益。吃饱后，你走到水坑处喝水解渴——早上最美妙的时刻也到来了：泥浴！实在太舒服了！

斯瓦希里语：nigri

你名字的由来

你得名于脸上的疣，你两眼之下的皮肤各有一对大疣，另外，公疣猪吻部还长了一对小疣。这些疣可以在争斗、挖土取食时保护你的眼睛。

你的超级武器

S

上獠牙：呈弧形朝上生长，公疣猪的上獠牙能长到60厘米，你用它来战斗，觅食时也可以用它来抬起树枝或移走石头。

下獠牙：锐利的危险武器，在战斗中能给对手造成极深的伤口。

原来你是这样的！

体长：可达1.5米。

体重：可达140千克。

寿命：约15年。

特征：带疣的巨大头颅，皮肤呈灰色且褶皱明显，除了两颊的毛和背上长长的鬃毛，其他部位体毛稀疏。

繁殖：孕期近6个月，一次产下1~4只幼崽。

你的速度

逃跑时最高速度能达到每小时55千米。

疣猪在进食时需要跪在地上，因为它们的前腿太长了。

假如你是 一只豪猪

　　一头年轻的狮子在偷偷靠近，你立马把身上的棘刺竖起来，使得身体看起来比之前大了一倍。尾棘也摆动起来，后脚跺地，嘴里发出咕噜噜的警告声。可这头狮子看来还不懂豪猪的厉害，它继续接近。那就给它个教训吧：你猛然把后背朝向来者，倒退，发起攻击，瞬间把尖锐的棘刺扎进它的皮肉里。棘刺从你身上脱落，像针一样插在了狮子的口鼻处。太疼了！

　　虽然你叫豪猪，可你并不是猪，而是一种啮齿动物，跟老鼠、海狸和豚鼠同类。你是非洲最大的啮齿动物。你喜欢啃坚硬的植物根部、块茎、树果等。你一般只在夜里才活动，白天会在自己挖的洞里休息。

38

你的家族

你不会独自生活——找到配偶之后，你会一直跟对方待在一起。

你的工具

你依靠长长的棘刺保护自己，它们取代毛发覆盖住你的背部和尾部。它们又硬又直又长，带有锐利的尖端。

你的尾巴上还有"**小铃铛**"：尾巴硬毛末端有铃形角质物。当你摇尾巴时，会发出丁零丁零的声音。

斯瓦希里语：
nungu

原来你是这样的！

体长：最长可达70厘米以上。

体重：可达20千克。

寿命：约15年。

特征：褐色、灰色或白色皮毛，长长的棘刺长在背部和尾部，尾巴短。

繁殖：孕期大约3个半月，一胎产下4只幼崽。幼崽出生时刺很软。

假如你是 一只黑猩猩

　　整个上午你都跟着家族迁徙，你们的队伍包括母亲、弟弟和你最好的伙伴们。母亲得一直背着弟弟，因为它才几个月大。早上觅食时你吃了非常多的食物：树上的甜果、脆口的叶子、鲜嫩的花朵、坚实的种子，还有一些幼虫。终于，你们找到了一块可以乘凉的地方，这下能午休了。

　　你蹲在好朋友旁边，手指在它的毛发里慢慢搜寻。人类生物学家管这叫"捉虱子"——可你这样不仅能捉虱子、清洁皮毛，还能告诉对方，自己想跟它搞好关系。过了一会儿，你们交换角色，轮到它给你"捉虱子"了。现在你可以全身心地放松啦，真舒服！

当你给其他黑猩猩"捉虱子"，这代表：你想跟它搞好关系。

如果它很激动、愤怒或者害怕，"捉虱子"可以让它平静下来。

原来你是这样的！

身高： 站立时最高可达1.7米。

体重： 70~80千克。

寿命： 约40年。

特征： 体毛黑色，手、脚和面部毛发稀少，没有尾巴；行动敏捷；手背指关节支撑前半身，双足以掌心平踏地面行走，或双腿站立行走。

繁殖： 孕期7个半月，一胎产下一只幼崽。幼崽出生时近2千克。

你生活中的某一天

5：56 黎明时分，天逐渐变亮。

6：00 你醒过来，得先方便一下。你在巢里就解决了。

6：20 你通过喊叫告知大家自己醒了，然后往下爬。

6：45 第一顿早餐：找到啥吃啥，白蚁、蚂蚁、幼虫、树叶、水果都行，有时还会捕食某个小型哺乳动物。

7：30 你的族群分成小队去寻找第二顿早餐。这会儿就得细细挑选了，要吃最好的。如果你找到什么特别的，就会把小队里的其他黑猩猩呼唤过来。

11：00 吃饱了，冗长的午休也开始了。你们在地上挑一个舒服的地方休息，或者各自在树上迅速用枝条建起一个巢。

16：00 午休结束啦，大家再次出发，去解决晚餐。

18：00 你又吃饱了，然后族群开始找过夜的营地。

18：48 太阳下山了，你们开始在6~20米高的树冠上建巢。大家各自用枝条建一个四周弯、中间平的巢——只有幼崽跟妈妈一起睡。你的床总是很干净，因为它是一次性的！

19：34 天黑下来，夜晚开始了。你在巢里逐渐入眠。

你的超能力

你是所有灵长类动物里面最聪慧的。遇到问题，你会仔细观察，寻找方法。你还会使用工具，比如用石头把坚硬的果壳砸开，或者用尖木棍把幼虫从地底勾出来。你能快速认清形势，并马上做出应对。

你记忆力超群——某个地方只要去过一次，你就能认路。你还记得哪里有食物。几秒钟或几分钟前发生的事情，你记得最清楚。

你的童年

妈妈把你保护得很好，绝不离开你半步。在你出生后的一个月里，它会一直带着你。你呢，要么骑在它的背上，要么就紧紧地抓着它的肚皮。

你五个月后就能坐在地面上了，六个月后学会站立，一岁时就能独立行走。不过两岁前你都会黏着妈妈。睡觉时你得抱着妈妈才能入睡，这会持续到你三岁左右，这段时间内你都喝着母乳。大约四岁时，你的童年才结束。你会离开妈妈，跟伙伴们待在一块儿。

你的家族

你的族群成员可以多达20个：一只或多只公猩猩，以及许多带着幼崽的母猩猩。一般年老的猩猩声望会比较高，受到孩子们的尊敬。

偶尔也会有些小矛盾

黑猩猩的生活当然也少不了小打小闹。两个黑猩猩争吵时，它们会张大嘴巴大声喊叫，脚使劲儿踩地；或一下子冲到对方面前，试图恐吓对方；或把树枝摇来摇去，甚至折下来左右挥舞。其他黑猩猩可不想掺和这事儿，一般离得远远的。幸好族群里总会有一只黑猩猩过来调停，它会分开争吵的双方——这样就雨过天晴了。

你的防卫策略

当敌人靠近时，你会马上愤怒地大声喊叫。同时所有的成年黑猩猩都会聚拢过来，用坚硬的树枝把敌人赶走。你如果察觉有强大的敌人靠近，会发出短促低沉的警报声——大家听到后先静立不动，接着悄悄逃走。

假如你是 一只狒狒

已经是傍晚了，家族首领终于停下脚步，摘些杂草塞进嘴里。是时候了！你也可以停下来，跟其他伙伴一起歇息了。早在太阳升起时你就起床了，紧接着就跟着家族在草原上行进。舒舒服服吃顿早餐？没有的事儿，首领走得很快，所有成员都必须跟着。

今天你已经走了近20千米，中途连挖点儿草根吃的机会都没有。你现在饿极了，在休息地的边缘摸索：这里有石头——下面肯定有虫子这种美味的零食。那边高草间藏着大象或犀牛的粪球，你用灵活的手指把粪球翻过来，抓出里面肥胖的苍蝇幼虫。动作不要太大，以免被其他狒狒看到……

你的语言

用身体： 你密切注意其他伙伴的动作，要留意对方露出牙齿或者把臀部对着你这些大动作，但凝视等小动作也有重要意义。

用臀部： 当你们穿过高高的草丛时，有着鲜艳色彩的臀部会朝向外面——这样其他伙伴就能看清前进的路线了。

抚摸： 身体接触很重要，因为能增强家族的凝聚力。同伴给你捉虱子是最幸福的时刻，当然你也会帮它们捉虱子。

各种各样的叫声：

狂吠："警报，危险靠近！"或"我生气了！"

边摇尾巴晃脑袋，边发出"喔啊喔啊"的声音："我高兴得要跳起来了！"

年轻狒狒发出喔喔声："我饿了。"或"我玩得很高兴。"

成年狒狒发出喔喔声："我很生气。"或"我很担心。"

短促的喊叫声："我吓坏了。"

咂嘴："帮你梳理毛发是我的荣幸。"

尖叫："我害怕极了！"

大声喊叫："啊，疼死了！"

很实用！你随身带着坐垫——有着胖胖的臀部，即便地上很湿、很冷或者碎石很多，你也能舒舒服服地坐在上面。

斯瓦西里语：
nyani, niani

原来你是这样的！

身高： 最高可达110厘米。

体重： 可达38千克。

寿命： 最长可达45年。

特征： 体形粗壮，四肢等长；头部粗长，口鼻突出，犬齿尖锐且长。黄褐色、绿褐色至褐色的皮毛，臀部色彩鲜艳，尾巴毛色较深。

繁殖： 孕期约6个半月，每次产下一只幼崽。

假如你是 一只鸵鸟

1、2、3……7、8、9，所有的雏鸟都在，很好。在稀树草原上前进时，你得经常回头检查，以免有孩子走丢。幸好你能把脑袋仰得很高，如果有天敌靠近，你老远就能看见。所以斑马和角马迁徙时，总喜欢跟你做伴。

1、2、3、4……5号到哪儿去了？哦，在草丛里，6、7、8……还有那边的9号，很好，队伍依然整整齐齐的。两个月前你跟配偶在地面上挖坑筑巢，在巢里下蛋，然后你们轮流来孵：白天是雌鸟负责，晚上就轮到了更强壮的雄鸟。夜里特别危险，因为总有鬣狗和胡狼在徘徊。有时它们会把蛋抢走。你们很幸运，9个蛋全都孵出来了。哦，快看看孩子们都在不在：1、2、3、4……

你的纪录

　　你是地球上现存最大的鸟！

　　因为身体太重，所以你飞不起来，干脆靠着有力的双腿在地上疾驰。

你的速度

　　以每小时50千米的速度跑上半个多小时对你来说完全没问题。逃跑时你能跑得更快——时速能达到70千米。

你的武器

　　当你必须反击时，粗壮有力的双腿、长有两个巨大脚趾的足就是武器：迅猛的一击！

你的蛋

　　大约15厘米长，蛋壳厚2~3厘米。每个蛋有1.2~1.7千克重——大约是20多个鸡蛋加起来的重量。

原来你是这样的！

身高：雄性可达2.5米，雌性可达1.9米。

体重：雄性可达130千克，雌性可达100千克。

寿命：长达80年。

特征：双腿粗壮有力，各长有两个大脚趾；颈长且少毛，身躯强壮。

孵化：每年产下60~80个乳白色的巨蛋，父母轮流孵蛋，孵化期37~49天。

47

假如你是 一只非洲兀鹫

　　夜色逐渐褪去。整支兀鹫队伍都站在一棵树上——这是你们睡觉的地方。越过树梢，你看见天边射出第一缕光芒。太阳越升越高，你们耐心地等着。太阳在加热地面；当温度足够的时候，热气开始上升。就是现在，你可以展翅高飞了。你们齐刷刷地张开双翼，冲向蓝天。

　　凭着张开的翅膀，你像滑翔机一样盘旋而上，上升的热风托着你。飞得高望得远，加上极佳的视力，你将草原的风光一览无余：斑马、角马和羚羊在悠闲地吃草，狮群在树下休息，一群大象正前往水源地，而河马正在水中洗澡，犀牛在河岸边喝水。不过这些并不是你搜寻的目标。那边！远处的天空上有一群兀鹫正在盘旋，它们肯定发现了动物的尸体，或者奄奄一息的动物。你马上锁定目标，径直滑翔过去。

斯瓦西里语：Kengewa, koho

原来你是这样的！

体长：可达90厘米。

翼展：可达2.3米。

体重：可达7.2千克。

寿命：可达30年。

特征：褐羽，脖子很长且无羽，钩状鸟喙，坚硬有力。

孵化：基本每年产下一枚蛋，父母轮流孵蛋，孵化期50~55天。雏鸟在巢中被喂养近5个月后才羽翼丰满。

你的伙伴

你是一种喜爱社交的猛禽，会跟年龄相仿的伙伴组成小团体。你们每日每夜都待在一起，到了繁殖季节也会一起在树上筑起巨大的巢。你对配偶很忠诚：一旦找到另一半，你会一生都跟它在一起。

你在自然中最重要的任务

盘旋在稀树草原上方的高空，你能找到每一具动物尸体。即便是走兽不愿涉足的偏远地方，你也能到达。发现食物后你会降落在旁边，开始进食。你可以清理草原上所有尸体。这一点非常关键，因为若是没有你清理尸体，腐烂发臭的动物尸体会传播疾病，甚至导致瘟疫。

假如你是 一只黄色的织布鸟

　　时间过得真快，又到了繁殖季节，你必须赶紧找到合适的地方筑巢，把雌鸟吸引过来。终于，你找到了绝佳的地点——一个向外伸出的树冠。你挑选了一根结实的树枝，用嘴把上面的叶子一片片摘下，这样若有蛇来偷袭，你就能事先察觉。接着，你把衔来的第一根绿草茎缠在树枝上，成拱状的杆茎就是巢的基石。你用鸟嘴一根根地编好草茎，然后再用爪子拉牢，你简直就是个艺术家。工作中你经常昂起头，一穿、一拉、一绕，都会伴随着你咕咕的声音，这是你对作品的点评。

　　几天后，你的巢像个草袋一样挂在树枝上，随风摆动。鸟窝的入口很小，而且朝下，这样偷蛋贼就进不来了。雌鸟飞过来，细细打量着鸟窝，并检查它是否足够安全结实，这样才能放心产卵、养育小鸟。你紧张地看着这只挑剔的雌鸟。还好，这只雌鸟对你筑的巢还算满意。你的邻居可就没那么走运了，它的巢不够好，雌鸟直接离开了，它得重新开始，太可怜了！

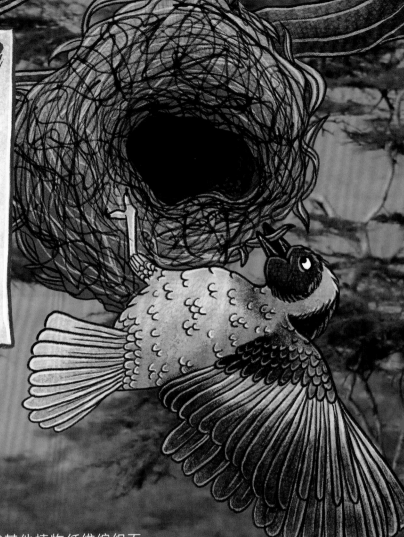

原来你是这样的！

黑脸织布鸟

体长：11~15厘米。

体重：可达24克。

寿命：10年以上。

特征：黄色的小型鸟类；雄鸟的羽毛呈金黄色，脸部显黑；雌鸟则有橄榄绿色的羽毛、褐色的眼睛。

孵化：每年产卵一次，每次2~4枚。孵卵由雌鸟单独承担，孵化期11~17天。雏鸟出生后会在巢中被喂养11~20天。

你的巢穴

　　它由坚韧的芦苇茎、草茎或其他植物纤维编织而成。新鲜的杆茎很容易编织，所以新筑的巢都是绿色的。草茎变干后，鸟窝也会变成褐色。绿色的巢更能吸引雌鸟——因为它们比干枯的巢更结实。

　　筑巢耗时：5天以内。

　　繁殖季节从9月持续到来年1月，在这期间雄鸟甚至能筑25个巢！

你的近亲

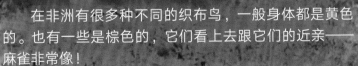

　　在非洲有很多种不同的织布鸟，一般身体都是黄色的。也有一些是棕色的，它们看上去跟它们的近亲——麻雀非常像！

51

假如你是 一条鳄鱼

白天，你躺在岸边晒太阳。看起来你在熟睡，事实上就算闭着眼睛你也保持警惕——一旦察觉到任何危险，你马上潜入水中。休息时你会把嘴巴张大，不一会儿就会飞来埃及鸻——它会把你牙缝里的食物残渣和其他脏东西挑干净，简直就是你的口腔清洁师。

夜幕降临了，你悄无声息地潜入水中，在水中静静地滑行。不细看根本不可能发现你。一匹斑马正在岸边喝水，对靠近的危险毫无察觉。你集中精神，发动进攻。面对你那血盆大口和匕首般尖锐的长牙，斑马绝没有逃脱的可能。

喜欢的食物

是肉，你只吃肉。你最喜欢捕猎斑马、羚羊、非洲水牛等大型哺乳动物。当然，送到嘴边的食物你也不会放过——小型哺乳动物、水鸟或乌龟都行。

你虽然叫尼罗鳄，但不仅仅栖息在尼罗河流域，也生活在撒哈拉沙漠以南、以东所有的水源地。

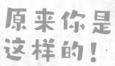
斯瓦希里语：mamba, ngwena

原来你是这样的！

尼罗鳄

体长：可达5米多。

体重：最重可达1000千克。

寿命：约80年，有些甚至长达100年。

特征：黑绿色的长身躯，背部有鳞甲；头尾都很长，尾巴两侧扁平。

孵化：一般每年产卵一次，数目最多可达80枚。大约3个月后小鳄鱼会孵化出来。

埃及鸻

你的超能力

尼罗鳄是非洲最大的鳄鱼，早已完全适应了在水中生活和捕猎！

你的鼻孔和眼睛突出，游泳时只有它们露出水面。下潜前你会锁闭鼻孔。你可以待在水下长达一个小时。

你的前后脚上都长有蹼，凭着有力的爪子，你能在水中畅游无阻。

尾巴对你来说就像船桨它两侧扁平，通过舒缓有力的摆动，能够让你破水前行。

你的身体不会自动升温，这样可以减少能量消耗，因此你需要的食物比狮子或花豹少得多，即便几个月没有进食也能活得很好。当然，取暖你就交给太阳了。身上厚实的角质鳞片就像盔甲一样保护着你。

你上下颌间的60~70颗牙齿呈锥形，尖锐无比。

 ## 你一年的行踪

1. 在大河大湖：这些地方整年水源充足，所以生活在此的你全年活力满满。白天在平坦的河岸沙滩晒太阳，晚上则在水中捕猎。

2. 在小河、池塘和水洼地：这些地方只在雨季和雨季后的几个月有水，一般有2~3个月会完全干涸。没有水就谈不上捕猎了，所以你得休息一段时间。你独自在洞穴中休息，有时会跟其他鳄鱼待在一处。

塞伦盖蒂草原的气候
4月~5月：雨季。
11月~12月：小雨季。
9月~10月：非常干燥，甚至有沙尘暴。

你的童年

　　你在卵中度过开始的几个月。10周后生命气息开始苏醒：你会发出声音，妈妈也能听见。它一直待在旁边，守护着巢穴。关键时刻到了，你用卵牙破开又薄又软的卵壳，妈妈也小心翼翼地拨开沙土。它轻轻地把你衔入嘴中，还有其他小鳄鱼，一条接一条——最后15条小鳄鱼都进了妈妈嘴里。妈妈爬到水边，缓缓地滑下去——直到部分身体在水下，水流进嘴里，它开始给你们上第一节游泳课。妈妈耐心极了，它知道你们得慢慢适应水。不一会儿你跟其他小鳄鱼就能自己游泳了。妈妈会继续在你们身边守护几个月，遇到危险时，你们会立即钻入它的嘴里或潜入水中。它是你的守护神，晚上你会在它背上休息。它真是世界上最好的妈妈！

性别?

　　鳄鱼的性别由巢穴的温度决定：如果温度在30摄氏度以下，孵化出来的都是雌性；如果在35摄氏度以上，则都是雄性。如果温度在30~35摄氏度之间，不确定性就很大，既有雄性也有雌性。

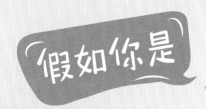

假如你是 一条变色龙

你缓慢地沿着树枝往前爬，慢得几乎看不到你在动。四肢像钳子一般夹住枝条，助你保持平衡。如果把尾巴也缠在树枝上，它就相当于你的第五条腿了，能让你站得更稳。你的眼睛能看到所有方向：留意周围的环境，提防来犯的蛇或鸟，搜寻合胃口的昆虫。

那边，一只蝗虫！你慢慢地靠近，双眼紧紧盯着那只蝗虫，随时调整距离。你只有一次机会。如果没抓住，它立马就会飞走，你也得饿肚子了。好，锁定目标——你闪电般地射出舌头，直奔那虫子。舌尖像吸盘一样把猎物抓住，嗖地一下收回嘴里，猎物也顺顺利利地进了你肚子。

你的超能力

你拥有世界上速度最快的舌头：

舌头位于下颌靠前处，在嘴里时它很小，肌肉可以把它收缩起来。一旦发射，肌肉就会发挥作用，把舌头弹得很远。收回时也靠肌肉把舌头拉回嘴里。

你的眼睛在头部两侧突起处。每只眼睛都能独立运动。比如你可以一只眼睛朝上看，一只眼睛朝下看，也可以一只朝前看一只朝后看。这样，你随时都能获得周围的全景图。

斯瓦希里语：
kigeugeu, kinyonga

原来你是这样的！

体长： 最长可达60厘米。

寿命： 可达6年。

特征： 你的头部生有角或结节；你能根据不同的光度、温度、湿度等变换体色。

孵化： 一次产卵数目可达35枚，埋在土里。两个多月后小变色龙孵化，马上就能独立行走。

你的语言

世上已知有90多种变色龙，每种都会用独特的颜色来表达情绪，不过以下这些颜色比较通用：

黑色： 我害怕！有危险！

亮色调： 我压力很大！

绿色调： 一切正常，没什么特别的。

五颜六色： 我爱上你了。

鲜艳夺目： 我很生气，后果很严重。

苍白： 我老了或我病了。

你是这样制造颜色的

借助小晶体：

· 放松时变色龙的上皮层：蓝色（太阳光反射）。下皮层：黄色。

· 紧张时变色龙的上皮层：红色（太阳光反射）。皮下最底层：从无色变为暗色。

现在你把这些颜色混合起来：

黄+蓝=绿，暗+红=橙。

稀树草原上的一只动物

清晨，许多动物聚集到水边。你通过这本书已经认识了它们当中的大多数。还有3只珠鸡也到场了：它们只想喝点儿水。白蚁穴那边，一只土豚挖了几处开口：它再吃点儿白蚁，就会回到地下的洞穴中了。

我实在太渴了，感觉这里的水都不够我喝。你也要使劲儿喝啊，我的孩子！

什么万兽之王呀。真正的国王是我，狮子见到我都得绕路走呢。